Name : _______________________________ | Date : _______________________________

Name :

Date :

Name :

Date :

Name :

Date :

Name :

Date :

Name :

Date :

Name :

Date :

Name : | Date :

Name :

Date :

Name : | Date :

Name :

Date :

Name : | Date :

Name :   Date :

Name :

Date :

Name :   Date :

Name :

Date :

Name : | Date :

Name :   Date :

Name : Date :

Name : | Date :

Name :   Date :

Name :

Date :

Name :

Date :

Name :

Date :

Name :

Date :

Name : Date :

Name : Date :

Name :   Date :

Name :

Date :

Name :

Date :

Name :

Date :

Name :   Date :

Name :
Date :

Name :   Date :

Name :   Date :

Name :
Date :

Name :
Date :

Name :

Date :

Name : Date :

Name :

Date :

Name :

Date :

Name :

Date :

Name :

Date :

Name :

Date :

Name :	Date :

Name :

Date :

Name :
Date :

Name :

Date :

Name :

Date :

Name :   Date :

Name :

Date :

Name :

Date :

Name :

Date :

Name :
Date :

<table><tr><td>Name :</td><td>Date :</td></tr></table>

Name :

Date :

Name :

Date :

Name :   Date :

Name :   Date :

Name :

Date :

Name : | Date :

Name :

Date :

Name :
Date :

Name :

Date :

Name :   Date :

Name :	Date :

Name :   Date :

Name : ____________________   Date : ____________________

Name :
Date :

Name : Date :

Name :
Date :

Name :

Date :

Name :

Date :

Name : _______________________ Date : _______________________

Name : Date :

Name :

Date :

Name :   Date :

Name :

Date :

Name :   Date :

Name :

Date :

Name :

Date :

Name :

Date :

Name :

Date :

Name :   Date :

Name :
Date :

Name :   Date :

<table>
<tr><td>Name :</td><td>Date :</td></tr>
</table>

Name :

Date :

Name :   Date :